新素餐

孙剑昊 主编

本书编委会名单

主　编：孙剑昊

副主编：赵云亭　王东亮

编委会（按姓氏笔画排序）

顾　问：焦明耀

委　员：王　维　王福兴　曲春梅　刘剑宇

　　　　刘　峰　张虎虎　张　琳　李云峰

　　　　张　磊　张　清　李文斌　张志强

　　　　杨利明　林美枝　武国栋　杨晓悦

　　　　徐润文　郭利俊　银　峰　彭志斌

　　　　曹勒孟　褚文萌

国家一级出版社
中国纺织出版社
全国百佳图书出版单位

图书在版编目（CIP）数据

新蒙餐 / 孙剑昊主编. —北京：中国纺织出
版社，2019.11
　　ISBN 978-7-5180-5324-7

　　Ⅰ．①新… Ⅱ．①孙… Ⅲ．①菜谱—内蒙古 Ⅳ.
①TS972.182.26

中国版本图书馆CIP数据核字（2018）第191609号

责任编辑：国　帅　韩　婧　　责任校对：江思飞　　责任印制：王艳丽

中国纺织出版社出版发行
地址：北京市朝阳区百子湾东里 A407 号楼　　邮政编码：100124
销售电话：010 －67004422　　传真：010 －87155801
http://www.c-textilep.com
E-mail:faxing@c-textilep.com
中国纺织出版社天猫旗舰店
官方微博 http://weibo.com/2119887771
北京华联印刷有限公司印刷　　各地新华书店经销
2019 年 11 月第 1 版第 1 次印刷
开本：889×1194　1/16　印张：8
字数：158千字　定价：68.00元

推荐

序一

我为表弟"点赞"

本书作者孙剑昊是我的表弟、我大舅的儿子。他把与出版社签订的出书合同通过微信发给我时，我用一个词来形容我当时的心情：心花怒放。我虽然喜欢文字，但这本书出于职业为厨师的表弟之手，我的惊讶之情发于本能。在惊讶之余，仔细想想，倒也合乎情理。有道是"行行出状元"，但在有些行业里，能够达到"状元"的水平，并不是一件容易的事情，更何况在饮食业这个与每个人的日常生活息息相关的大行业里，众多高手云集，哪里是谁想出头就能出得了的，这也正是所谓"众口难调"的道理。香港有个电影《食神》，对饮食行业中"江湖大侠"们的龙争虎斗做了精彩的诠释。不读哪家书，不识哪家字。这本书中所描述的各色菜谱，我是无能力进行评判的，因为它们超出了我的知识范围。我表弟与他的团队在自己的本职工作中，留心各类饮食门类，在原来蒙菜的基础上推陈出新，这就是一种职业精神，他及他的同伴们虽然没有《食神》中那些"江湖大侠"的神勇，但在职业精神的表现方面并无二致。就凭着这一点，我愿意利用这个平台，超出饮食行业的范围，讲一讲我的表弟。

表弟从小就长得虎头虎脑，人见人爱。在他还不到半岁时，有一次我去姥姥家，她让我去大舅家看看这个表弟，说他长得真是"袭人"。这个词不是指《红楼梦》中的那个叫"袭人"的侍女，而是我的老家内蒙古的土语，意思是"漂亮，招人喜欢"，人们经常用这个词形容漂亮、可爱的小姑娘。我去大舅家，这个小家伙在炕头上盖着小被子，面朝上睡得正香，圆嘟嘟的双腮白里透红，真是好看。我当时真想轻轻地在他的小脸蛋儿上亲一口，但又怕把他惊醒，于是作罢。

表弟属于那种极有主见的人，自己选择自己的生活道路。我在北京工作时，表弟已经成为一名技艺娴熟的厨师了，曾经在北京的一个饭店里工作，后来又辗转到了许多地方。那时，他的工作岗位很不稳定，今天在这里，也许明天就又去了那里。1997年5~6月间，有一次，他来到北京，在我家里小住了一段时间。每天早上，我早早出门去上班，他还在熟睡。我在床头柜上给他留了些钱，让他醒来后自己下楼去买早点吃；同时给他留个字条，告诉他可以坐什么车到什么地方，自己出去玩玩。有一天早上，我临时走，又看看他熟睡的脸庞，与小时候的样子特别相像，猛然间想起他小时候那次我忍不住想亲他的小脸蛋儿的往事。现在，他虽然长大了，也有了一些生活的阅历，但在我的眼里，毕竟还是一个二十岁不到的大孩子，而且我想到他小小年纪就出来自己找工作，而我在饮食行业里没有什么熟人，不能给他一些实际的帮助，心里涌起一股爱怜，盯着他的脸庞多看了一会儿，当时也真想亲他一口，但还是忍住了，一来是怕惊醒他，二来毕竟不是那个小婴儿了。我作为他的大哥，心里有一种爱怜的情愫，也就足够了。

表弟长大了，在事业上也算小有成就了。家族中其他的弟弟、妹妹们都长大了，也都按着各自的生活轨迹向前走着。随着大多数人的成家立业，这类花絮也就渐渐地走出记忆的花园了。今天，看到表弟的书稿，我又把这些飘飞在记忆天空中的花絮抓住了，并将它们写下来，作为我对表弟以及其他弟妹们的深深祝福。我要利用这个平台向弟妹们表达一个共同的心声：在你们的成长过程中，我作为大哥，虽然没有能够给你们一些实际的帮助，但我的心里永远有你们，不为别的，只因为我自己在小时候受过姥姥、姥爷、舅舅、姨姨等长辈们的爱护，这是善良的基因在家族血脉里的一种传承。我们大家都要继续传承这种善良、友爱与互助，小而言之，这是一家一姓的传承；大而言之，它何尝不是我们中华文化、民族精神的传承。这种文化与精神，就像这本书中所描述的各类菜谱，不仅仅是我们自己的营养，它更应该被置入到后辈儿孙的基因中。

我的弟弟、妹妹们现在从事着各种各样的职业，不论是职位高低、挣钱多少，只要是凭自己的劳动挣饭吃，就是光荣的，就可以永远挺直腰杆立于这个世界上。不管是谁，只要你们在各自的职业中哪怕有一言、一条、一篇的文字，需要大哥为你们写点什么，我都愿意，而且会怀着十分愉快的心情回忆你们小时候、你们父母的生活点滴。你们的成绩，就是大哥的骄傲；你们的快乐，就是大哥的心愿！大哥的心，与你们永远在一起！

是为序。

法国工商管理博士（DBA）、北京大学兼职教授 殷雄

2017年12月29日于深圳至乐斋

　　以新蒙餐代表人物之一孙剑昊先生为核心的青年创作团队编写的《新蒙餐》即将问世了，我这个与蒙餐有着近三十年渊源的餐饮工作者，不禁为之点赞！也为《新蒙餐》喝彩！

　　《新蒙餐》贵在人新、菜新。菜品制作技法方面，在继承传统蒙菜的基础上勇于融入其他菜系的精华；同时，在菜式的设计理念上，不拘泥于成法，适应时代需求，追求美味与健康并举。我以为这是质的跨跃。

　　相信《新蒙餐》这部充满时代气息的佳作，能为蒙餐的发展提供更广阔的天地，为蒙餐走向世界做出独特的贡献。

焦明耀

2019年1月

前言

　　蒙餐，是草原蒙古民族长期繁衍生息、生产生活的过程中形成的饮食品类，以及由此衍生出的饮食文化、饮食习惯、饮食传统礼俗等。所谓新蒙餐，就是在传统的蒙餐基础上，借鉴其他菜系先进科学的烹饪手法和工具，利用内蒙古大草原纯天然无污染的奶、肉、蔬菜、菌类及粮食等原料，继承和发展博大精深的草原文化格调，融食、饮、乐、礼、歌、境、情、器于一身的民族特色浓郁、文化氛围浓厚的全新餐饮文化。

　　本书将融合传统蒙餐与多种菜系的创新烹饪手法，以大草原纯天然的有机食材，独具匠心的精细菜品，浓厚的草原文化韵味，发展和弘扬新蒙餐文化，打造国内一流的高端新蒙餐。

　　同传统蒙餐地域菜系不同，新蒙餐以味美为基础，集合了中国各菜系符合时代消费理念的食材、技法和味道，注重内蒙古草原地域的绿色食材、时令与特点，以菜品为媒介，大量借用世界各国烹饪中的优秀元素，运用内蒙古草原文化和草原美术中的色彩原理，呈现出草原文化意境之美。在不同季节使用不同食材，使消费者感受到四季变换和四季时令中最美好的口味。新蒙餐呈现给消费者的是艺术的享受，是情景交融、虚实相生，活跃着生命律动的韵味和无穷的诗意空间，是色、香、味、形、滋、养、意的美食艺术与欣赏者精神世界的高度融合，是完美统一的新流派。

本书特色：

　　科学： 运用现代先进的烹饪技法，使菜肴完美呈现。

　　传承： 继承和发展博大精深的草原饮食格调。

　　融合： 借鉴世界各国烹饪中的优秀元素。

　　绿色： 精选内蒙古草原绿色食材。

　　艺术： 运用草原艺术的表达方式，融合到菜品设计中。

　　品味： 将新蒙餐中的歌、舞、礼、情、景、器与菜品同时融入，给读者以全新的草原文化饮食体验。

　　文化： 融合草原文化的礼仪概念，来表达菜品的形式。

　　进步： 以原生态的蒙餐为基础进行改良和创新。

目录
CONTENTS

PART 1

XINMENGCAN

冷食鲜品

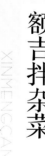

额吉拌杂菜

XINMENGCAN

制作方法

1．将西生菜、紫甘蓝、白菜心手撕成约 1.5 厘米的大片，黄瓜、圣女果及辅料水果切成片待用。

2．将主辅料加入调料放在一起拌均匀装盘即可。

口味特点

色泽鲜艳，清爽香甜。

营养功效

营养丰富，富含多种维生素，能有效地促进机体的新陈代谢，是一种理想的健康食品。

功夫干牛肉

XINMENGCAN

主　料

黄牛肉600克

调味料

大葱段，鲜姜片，花椒，大料，桂皮，十三香，生抽，老抽，色拉油

制作方法：

1. 将黄牛肉汆水去掉血沫。
2. 汤桶加清水，放入葱段、姜片将黄牛肉煮至八成熟晾凉，切条待用。
3. 另起锅，加入清水，再放入剩余调味料与牛肉条小火同煮20分钟，捞出。
4. 将色拉油倒入锅中烧至七成热，下牛肉条炸至外表皮略干即可。

口味特点

咸鲜干香，风味独特。

营养功效

黄牛肉的牛柳部分营养功效很高，特点是高蛋白、低脂肪，有利于防止肥胖，对预防动脉硬化、高血压和冠心病也有好处。

大厨秘制肠

XINMENGCAN

主　料

猪后座500克，肠衣适量

辅　料

猪肥膘30克，香柏木屑15克

调味料

盐，味精，胡椒粉，蒜蓉，淀粉，纯净水

制作方法

1．猪后座搅馅，猪肥膘切0.5厘米的小方丁，放入调味料顺时针搅拌15分钟备用。

2．将拌好的肉馅灌入肠衣内。

3．锅加入清水烧开，放入灌好肉馅的肠子，关火浸泡15分钟，捞出控水10分钟。

4．烤炉温度调至230℃，烤制20分钟取出。

5．另起锅，锅内加入香柏木屑，将烤制后的肠子放入锅内加热熏制成酱红色即可。

口味特点

色泽红润，咸鲜醇香。

营养功效

富含优质蛋白质和人体必须的脂肪酸，能改善缺铁性贫血，是强体健身的食疗佳品。

老汤酱肘花

XINMENGCAN

主 料

猪前肘700克

辅 料

老鸡150克

调味料

葱段，姜片，花椒，大料，草果，香叶，黄豆酱，生抽，老抽

制作方法

1．将猪肘处理干净余水待用。

2．老鸡加水放入葱、姜，小火熬制成清鸡汤，然后将调味料放入清鸡汤内，调味调色成酱汤。

3．酱汤中放入前肘，大火烧开，小火焖煮1.5小时关火，加盖焖1小时捞出去骨，包卷成形，晾凉切片即可。

口味特点

颜色酱红，味道香浓。

营养功效

猪肘子皮厚、筋多、胶质重，富含优质蛋白质和人体必须的脂肪酸。

蓝莓奶豆腐

主 料

牛奶1000克

辅 料

酸奶100克，蓝莓果酱 20克

调味料

白糖

制作方法

1．牛奶和酸奶加入白糖轻轻搅匀，静置发酵1天。

2．把发好的酸奶放入厚底锅内，文火加热至酸奶和酸汤分离后，将酸汤撇出。

3．将锅内剩下的块状物顺时针搅拌，直至上劲，倒入盛器中摊平晾凉。

4．将晾凉成形的奶豆腐切成片，整齐码在盘内，配蓝莓果酱和白糖上桌即可。

口味特点

入口绵韧，奶香浓郁。

营养功效

奶豆腐是牛奶的精华，营养丰富，其蛋白质含量高达70.84%，富含氨基酸及其他有益身体的微量元素。

杂粮沙拉

主 料

红薯100克，南瓜100克，紫薯100克，金瓜100克

辅 料

核桃仁20克

调味料

蛋黄酱，甜沙拉酱，蜂蜜

制作方法

1．将主料改刀成块上笼蒸20分钟至软绵，晾凉待用。

2．将调味料调制均匀，和蒸好的主料拌在一起，撒上核桃仁即可。

口味特点

甘甜软糯，香滑可口。

营养功效

富含粗纤维，能有效刺激肠道的蠕动，是营养十分均衡的食品。

新蒙餐

河套面筋

XINMENGCAN

主　料

雪花粉 2500 克

辅　料

黄瓜丝 100 克，腌牛心菜 50 克，芹菜丁 50 克，香菜段 30 克，紫甘蓝丝、小葱末适量

调味料

盐水，酱油，香醋，辣椒碎，红油，葱花油，香油，蒜泥

制作方法

1．将面粉放入盆内，用清水和成面团，饧发半小时待用。

2．将和好的面团用清水揉洗 6~7 遍（每洗一遍用小面箩过一遍，一直到洗出面筋为止）。

3．将面筋揉成团放盆内待用。

4．将洗完的面糊沉淀 3 小时，控去多余水分，用手勺搅拌至稠稀均匀，用专用工具粉旋在清水锅内吊成面皮即可。

5．将洗好的面筋放盘内，上笼蒸熟取出切成小块，食时将面皮切成长条，同面筋块放碗内浇调味料汁，撒上辅料即可。

口味特点

开胃可口，味型独特。

营养功效

消暑解热，润肠通便。

大漠鲜沙葱

XINMENGCAN

主　料

鲜沙葱400克

辅　料

葱白30克

调味料

盐，味精，花椒油，自制葱油

制作方法

1．沙葱切成1.5厘米汆水至刚熟，投凉。

2．控干水分，加入辅料和调味料拌匀即可。

口味特点

口感脆嫩，葱香浓郁。

营养功效

沙葱具有一定的药用价值，有助于健康长寿，可开胃、消食等。

XINMENGCAN

家乡拌莜面

主　料

莜麦面500克

辅　料

牛心菜100克，沙葱30克，西红柿30克，土豆100克，青尖椒30克，生菜少许

调味料

生抽，香醋，盐，味精，胡麻油，干辣椒

制作方法

1．莜面加开水和起，搓成条蒸8分钟待用。

2．沙葱氽水切段，土豆煮熟切片，西红柿、青尖椒切片待用。

3．牛心菜切丝加盐、味精、生抽、醋拌匀，把干辣椒放在菜上用胡麻油炝香，然后取部分土豆片碾成土豆泥搅拌在一起待用。

4．将主料与炝好的菜丝拌匀，剩余辅料点缀装盘即可。

口味特点

养生保健，风味独特。

营养功效

莜面富含碳水化合物、蛋白质和多种维生素，是一种兼顾营养又不发胖的健康食品。

香葱拌蹄筋

XINMENGCAN

主　料

牛蹄筋500克

辅　料

白萝卜30克，老鸡150克

调味料

香葱，盐，味精，小茴香，生抽，花椒，八角，红油，香油，桂皮，香叶，大葱段，鲜姜片，老干妈香辣酱

制作方法

1. 牛蹄筋加白萝卜煮20分钟，捞出换水，反复3遍。

2. 老鸡加水放入葱、姜，小火熬制成清鸡汤，加调味料兑好酱汤，再放入牛蹄筋煮2小时至熟。

3. 将煮熟的牛蹄筋趁热压制成块，晾凉定型。

4. 牛蹄筋改刀成薄片，放入香辣酱、香葱段、味精、香油、红油拌制装盘即可。

口味特点

口味咸鲜，筋道十足。

营养功效

牛蹄筋中含有丰富的胶原蛋白，脂肪含量低，能增强细胞的生理代谢，使皮肤更富有弹性和韧性，具有强筋壮骨的功效。

秋爽沙棘梨

XINMENGCAN

主　料

皇冠梨 700 克

辅　料

干话梅 15 克，柠檬 6 克，沙棘果粒 20 克

调味料

白沙糖

制作方法

1．皇冠梨削皮去芯清水洗净。

2．取不锈钢盛器，加水、话梅、柠檬、白糖、梨上笼蒸 40 分钟，取出晾凉入冰箱冰镇 2 小时。

3．做好的梨改刀装盘浇上沙棘果粒即可。

口味特点

入口软嫩，香甜解腻。

营养功效

传统的食疗补品，具有止咳化痰、滋阴润肺的功效。

香薰小羊腿

XINMENGCAN

主　料

带骨羊腱肉 500 克

辅　料

苦菊 20 克

调味料

生抽，盐，花椒，小茴香，小米，茶叶，红糖，大葱段，鲜姜片，香油

制作方法

1．带骨羊腱肉清洗干净加入除小米、红糖、茶叶以外的调味料卤制 40 分钟，浸泡 20 分钟至入味。

2．锅内放小米、红糖、茶叶，将酱好的小羊腿熏制 3 分钟取出，刷香油晾凉。

3．苦菊垫底，羊腱肉改刀装盘即可。

口味特点

口味咸鲜，风味独特。

营养功效

高蛋白、低脂肪，肉质细嫩，是冬季防寒温补的美味之一。

椰香肉松卷

XINMENGCAN

主　料

鸡蛋25克

辅　料

黄瓜250克，肉松20克，椰蓉适量

调味料

橄榄油，白糖，白醋，盐

制作方法

1．将鸡蛋摊成蛋皮，黄瓜去芯改刀成"U"形，内心镶入肉松待用。

2．将沙拉酱加入橄榄油、糖、醋、盐搅拌均匀待用。

3．蛋皮平铺，将沙拉酱均匀涂抹在蛋皮上，放入镶好肉松的黄瓜卷紧，切成2.5厘米厚的块装盘，上面撒椰蓉即可。

口味特点

香甜爽脆，椰香浓郁。

营养功效

此菜富含蛋白质，有人体必须多种氨基酸，有健脑益智，延缓衰老等作用。

清酒浸羊肝

XINMENGCAN

主　料

羊肝600克

辅　料

日本清酒40克

调味料

大葱段，鲜姜片，花椒，小茴香，桂皮、香叶、盐、味精

制作方法

1．羊肝清洗干净汆水去浮沫，加入调味料煮至断生。

2．将煮好的羊肝在原汁中浸泡1小时。

3．凉白开加部分盐、味精、香叶、清酒调成料水，将煮熟晾凉的羊肝浸泡4小时。

4．上桌时将羊肝切成片，浇上少许清酒即可。

口味特点

口味咸鲜，风味独特。

营养功效

富含铁和维生素B_2，可预防夜盲症和视力减退。

招牌骨香鸡

XINMENGCAN

主　料

老鸡1000克

辅　料

蜂蜜30克

调味料

盐，酱油，葱段，肉蔻，白蔻，草果，香叶

制作方法

1．老鸡清洗干净余水待用，蜂蜜加水兑成蜂蜜水，将老鸡刷上蜂蜜水风干2小时，然后挂脆皮水，入油锅炸制金黄色。

2．锅内加水，放入调味料熬制20分钟后调味调色成汤。

3．汤内放入老鸡，煮1.5小时关火，然后浸泡1小时，捞出即可。

口味特点

颜色酱红，香味浓厚。

营养功效

富含多种氨基酸，适合产妇、年老体弱及久病体虚者食用。

凉拌卜留克

XINMENGCAN

主　料

卜留克400克

辅　料

白芝麻，香菜段少许

调味料

盐，味精，葱油，蒜末，辣椒段，东古酱油

制作方法

1. 将卜留克去皮切丝备用。

2. 将切好的卜留克丝加入调味料拌匀装盘，最后撒上白芝麻、用香菜段点缀即可。

口味特点

微辣鲜咸，鲜嫩爽脆。

营养功效

卜留克含有丰富的维生素C和胡萝卜素，有助于增强机体免疫功能。

私房牛爽肉

XINMENGCAN

主　料

牛舌300克

辅　料

糖15克，茶叶15克，小米10克

调味料

盐，大料，花椒，小茴香，桂皮，葱段，姜片，老抽，香油

制作方法

1．牛舌汆水，刮去表面薄膜待用。

2．取汤桶加水，加入调味料制成酱汤，将牛舌放入煮制2小时，再浸泡1小时至入味。

3．另起锅放入辅料和制熟的牛舌封闭加盖，加热熏制5分钟，出锅再刷香油即可。

口味特点

口味咸鲜，熏香味浓。

营养功效

牛舌味甘、性平，具有补脾胃、益气血的功效。

布衣串羊肚

XINYIMENGCAN

主 料

白羊肚300克

辅 料

木耳15克，莴笋50克，胡萝卜50克，葱段10克，姜片10克，老鸡150克

调味料

陈醋，红油，鸡汁，鸡精，盐，麻酱，清鸡汤

制作方法

1．羊肚煮熟改刀成条，木耳发好汆水，莴笋和胡萝卜改刀汆水，待用。

2．将羊肚条包入1片木耳，1片莴笋，1片胡萝卜用竹扦串好。

3．将串好的羊肚取12串放入盛器中，将调味料调成味汁倒入羊肚中即可。

口味特点

口味咸鲜，酸辣适口。

营养功效

菜品原料种类丰富，富含多种营养成分。

豉香龙利鱼

XINMENGCAN

主 料

龙利鱼200克

辅 料

鲜毛豆80克，生菜适量

调味料

A．大葱段，鲜姜片，盐，香叶，料酒
B．盐，香叶，小茴香，大料，花椒

制作方法

1．龙利鱼加调味料A腌制2小时，上笼蒸20分钟取出晾凉改刀。
2．鲜毛豆加调味料B煮成五香口味。
3．生菜垫底加入腌好的龙利鱼与鲜毛豆一同上桌。

口味特点

口味咸鲜。

营养功效

龙利鱼的脂肪中含有不饱和脂肪酸，具有抗动脉粥样硬化的功效，对预防心脑血管病和增强记忆都有益处。

香辣鲜桃仁

XINMENGCAN

主 料

冰鲜桃仁150克

辅 料

玉米粒20克，红腰豆20克，甜豆15克，红椒5克

调味料

盐，味精，鸡精，橄榄油，美国辣椒仔

制作方法

1．桃仁解冻氽水投凉备用。

2．甜豆氽水投凉改刀成菱形，红椒改刀菱形片备用。

3．将桃仁加入改好刀的辅料和调味料拌匀即可。

口味特点

口味咸鲜，酸辣适口。

营养功效

桃仁中含有多种氨基酸，有很好的补脑健脑作用。

青笋香羊肉

XINMENGCAN

主 料

羊腿肉300克

辅 料

青笋60克，小米椒8克

调味料

香醋，辣鲜露，酱油，盐，味精，糖，辣椒酱

制作方法

1．将羊腿肉冲净血水改刀，放入沸水锅中快速氽熟捞出。

2．青笋切成丝，垫底，面上放羊肉，上桌佐食一碟由调味料自制的酸辣汁即可。

口味特点

酸辣解腻，肉质细嫩。

营养功效

羊肉高蛋白、低脂肪，肉质细嫩，是冬季防寒温补的美味之一。

韭香嫩豆腐

主 料

黄豆300克，韭菜适量

调 料

小葱末，生抽，味精，黄豆酱，辣椒酱

制作方法

1．将黄豆打成豆浆，放在大锅里熬开点入卤水，制成豆腐。
2．用生抽、黄豆酱加入韭菜和味精等调料制成香辣酱。
3．将制好的豆腐改刀成片，上浇自制香辣酱，再点缀小葱末即可。

口味特点

咸鲜微辣，豆香浓郁。

营养功效

大豆油中的亚油酸比例较大，且不含胆固醇，有益于人体神经、血管、大脑的生长发育。

粟米青麦仁

主 料

冰鲜青麦仁200克

辅 料

桶装玉米粒20克

调味料

盐，味精，橄榄油，蛋黄酱

制作方法

1．青麦仁解冻后汆水，断生投凉。
2．青麦仁加入玉米粒，调味料拌匀即可。

口味特点

口味咸鲜，具有青麦仁特有的清香。

营养功效

含有丰富的谷物纤维和氨基酸，具有很好的保健作用。

泽畔双味藕

XINMENGCAN

主　料

泽畔藕 200 克

辅　料

日式仔姜 10 克

调味料

A．大葱段，香叶，生抽，辣鲜露，麻椒
B．白糖，白醋，冰糖

制作方法

1．泽畔嫩藕改刀成片，氽水投凉。

2．锅放底油，加调味料 A 调制成麻辣汁，加入 300 克藕片上火烤制 5 分钟收汁出锅。

3．另取 300 克藕片放到调味料 B 熬好的糖醋汁中，腌 4 小时。

4．将制好的藕摆放在盘中，搭配仔姜上桌即可。

口味特点

酸甜适口，麻辣浓香。

营养功效

有化痰止咳、补脾止泻、养心安神等特点。

早春新腌味

XINMENGCAN

主　料

莴笋500克

辅　料

樱桃水萝卜40克

调味料

苹果醋，白醋，白砂糖，盐，香叶

制作方法

1．将以上调味料加纯净水熬制成腌料汁。

2．莴笋去老皮，切成长方条，水萝卜切成厚的半圆片，放在兑好晾凉的料汁里腌2小时即可食用。

口味特点

酸甜爽脆。

营养功效

此菜富含多种维生素和蛋白质，能增加胃液，刺激消化，增进食欲。

葱油小南瓜
XINMENGGAN

主　料

南瓜700克

调味料

大葱段，桂皮，香叶，生抽，盐，白糖

制作方法

1. 将南瓜改刀一分为二，大葱切葱段待用。
2. 锅内放底油，小火煸炒葱段至焦黄后加水，放入其余调味料烧开，然后放入南瓜烧制15分钟关火，再继续泡20分钟。
3. 将南瓜捞出晾凉，改刀成1.5厘米的方块，码入盘内淋原汁，撒葱花点缀即可。

口味特点

咸鲜回甜，入口软糯。

营养功效

营养丰富，特别适合中老年人和高血压患者食用。

自制功夫鱼

XINMENGCAN

主　料

青鱼300克

调味料

A. 大葱段，鲜姜片，料酒，生抽，老抽适量

B. 花椒，大料，桂皮，白糖，黑胡椒

制作方法

1. 青鱼斜刀切块，用调味料A腌20分钟备用。

2. 锅放底油，加调味料B烹出香味备用。

3. 青鱼入热油锅炸至外表皮酥脆，趁热将熬好的汁浇在鱼身上裹匀即可。

口味特点

甜香酥脆，焦香浓郁。

营养功效

青鱼的脂肪中含有不饱和脂肪酸，具有抗动脉粥样硬化的功效，可预防心脑血管病,也有增强记忆的益处。

养生蒙餐

PART 2

XINMENGCAN

一羊俩客

XINMENGCAN

主　料

锡林郭勒盟羊铲板750克

辅　料

白萝卜丝100克，香葱末10克，香菜末10克，蒜末10克，红绿尖椒各10克，生菜适量

调味料

葱段，鲜姜，盐，酱油，香醋，辣椒油，胡椒粉，牛奶

制作方法

1．将羊铲板改刀备用，白萝卜切丝备用。

2．蒜末加部分葱末、香菜、红绿尖椒用酱油、香醋、辣椒油调制蘸料备用。

3．锅中加入凉水放入羊铲板，然后加入葱、姜、盐、牛奶中火煮至八分熟，生菜垫底装盘与蘸料一同食用。

4．萝卜丝放入煮羊铲板的汤中煮熟，配以剩余的葱末、香菜、胡椒粉食用。

口味特点

肉质鲜美，原汁原味。

营养功效

有温补脾胃肝肾，保护胃黏膜，养肝明目等功效。

大厨极品蒙膳宝

XINMENGCAN

发好的鱼唇50克，鱼肚30克，关东参1条，活鲍鱼1只，牛鞭15克，牛蹄筋15克，金钩翅20克

辅　料

猪排100克，老鸡200克，鸡脚50克，猪手50克，猪皮50克，鸡油20克，金华火腿30克，大地鱼20克，瑶柱5克，葱段15克，姜片15克，淀粉适量

调味料

盐，味精，鸡精，蚝油，老抽

制作方法

1．除淀粉外，将辅料汆水炸至金黄色，然后加水熬制8~10小时制成浓汤，取部分浓汤加淀粉勾芡，用调味料进行调味调色制成鲍汁。
2．将发好的主料汆水，分别用剩余的浓汤煨制入味。
3．将煨制好的原料码入盛器内加入鲍汁蒸制软糯即成。

口味特点

色泽红亮，香气四溢。

营养功效

有补肾益精的功效，适合各类人群食用。

塞北莜面关东参
XINMENGCAN

主 料

发好的辽参1只

辅 料

（1）莜面20克，土豆50克
（2）猪脊骨50克，老鸡50克，猪手50克，猪皮50克，鸡油20克

调味料

葱段，姜，大料，蚝油，浓汤，老抽

制作方法

1．将辅料（2）加水熬制8~10小时制成浓汤备用。
2．先将土豆蒸熟碾碎，莜面做成莜面鱼备用。
3．锅留底油，葱、姜、大料炝锅加浓汤，然后加入土豆泥、莜面鱼、辽参，最后加蚝油调味，老抽调色出锅即可。

口味特点

咸鲜味浓，营养突出。

营养功效

海参中的牛磺酸、尼克酸等，具有调节神经系统，缓解疲劳，预防皮肤老化的功效。

酱香烟熏小羊腿
XINMENGCAN

主 料

法式羊棒骨350克

调味料

葱段，姜片，辣椒段，酱油，老抽，花椒，小茴香，香叶，香其酱，盐

制作方法

1.将羊棒骨凉水浸泡后汆水去浮沫备用。
2.汤桶放入调味料加水烧开调味后，放入备好的羊棒骨煮制1小时捞出，最后熏制用调料点缀装盘即可。

口味特点

酱香浓郁，别具一番熏制风味。

营养功效

既可食补，又可食疗，为优良的强壮祛疾食品。

红烧鹌鹑小丸子

XINMENGCAN

主　料

猪前肩50克

辅　料

鹌鹑蛋1颗，粉丝，枸杞适量

调味料

A．花椒粉，大料粉，淀粉，盐，香油，鸡蛋，葱碎，姜碎

B．花椒，大料，料酒，葱段，姜片，酱油，白糖，盐，色拉油

制作方法

1. 猪前肩肉剁馅加入调味料A搅拌均匀待用；粉丝、枸杞氽水备用。

2. 鹌鹑蛋煮熟去皮，包入肉馅中做成丸子，炸制金黄色待用。

3. 锅放底油加入调味料B加水调味调色，放入丸子小火炖制30分钟出锅，加入粉丝，枸杞装盘淋汁即可。

口味特点

色泽红润，软糯适口。

营养功效

补充人体所需的碳水化和物及蛋白质。

药膳红焖法羊排

主料

法式羊排1片（约900克）

调味料

葱段，姜片，辣椒段，辣椒面，花椒，茴香，白蔻，香叶，酱油，红曲米，盐、水、老抽

制作方法

1. 将羊排放入冰水中浸泡2小时去血水。
2. 将羊排余水去血沫捞出备用。
3. 把葱段，姜片炝锅，放入剩余调味料炒香加水烧开，放入老抽、酱油、盐、红曲米调味调色。
4. 把羊排放入汤汁中小火慢炖1小时即可。

口味特点

肉质鲜嫩，药香浓郁。

营养功效

既能御风寒，又可补身体，对一般风寒咳嗽、慢性气管炎、虚寒哮喘有一定功效。

低温慢煮三文鱼

主料

三文鱼150克

辅料

胡萝卜1根，丝瓜苗1根

调味料

芥末，酱油，海盐，洋葱，蒜，卵磷脂

制作方法

1. 芥末加入卵磷脂做成鱼籽，酱油加入卵磷脂做成泡沫备用。
2. 三文鱼改刀成块，加入洋葱，拍蒜塑封腌制，然后低温慢煮11分钟。
3. 辅料余水与三文鱼一起放入盘内，撒上备好的鱼籽和泡沫即可。

口味特点

口味咸鲜，口感滑嫩。

营养功效

经过真空低温煮过的食材，可以在最大限度上保证内在水分不流失，保留食物的本味和营养。

新蒙餐

酱烧黑椒黄牛肉

XINMENGCAN

主　料

精选锡盟黄牛排350克

辅　料

秋葵15克，胡萝卜20克，芦笋15克，樱桃少许

调味料

A.草果，肉蔻，草蔻，花椒，大料，小茴香，白蔻，香叶，辣椒节，生抽，老抽，鲍汁，葱姜蒜

B.蚝油，黑椒汁，ABC甜酱，盐、味精、白糖

制作方法

1．牛排去血水备用，秋葵、胡萝卜改刀备用。

2．锅留底油加调味料A爆香，加水烧开，调味调色熬制成汤。

3．汤中下入牛排卤制1.5小时，捞出去骨晾凉，改刀备用。

4．锅内入调味料B加水烧开，放入卤制好的牛排收汁，加入辅料装盘即可。

口味特点

色泽红润，酱香回甜。

营养功效

黄牛肉属于温热性质的肉食，擅长补气，是气虚之人进行食养食疗的首选肉食。

大漠滋补羊汤盅

XINMENGCAN

主 料

锡盟羊肉100克

辅 料

香菜碎3克，香葱碎3克

调味料

姜片，花椒，大料，白芷，胡椒粉，盐，味精

制作方法

1．羊骨头吊制清汤，羊肉汆水待用。

2．羊肉入汤盅加清汤、姜、花椒，大料、白芷、盐、味精调味蒸制2小时。

3．蒸好后把香辛料捞出，佐配胡椒粉、香菜碎、香葱碎上桌即可。

口味特点

咸鲜清香，滋补养生。

营养功效

羊肉汤甘温，能温阳散寒、补益气血、强壮身体，经常炖服疗效可与参茸媲美。

生煎秘制后腿扒

XINMENGCAN

主 料

羊后腿切片100克

辅 料

洋葱丝50克，藕片、胡萝卜各适量

调味料

黑胡椒粉，红酒，盐，黑胡椒汁

制作方法

1．羊后腿、藕片、胡萝卜改刀切片，主料
加洋葱丝、调味料腌制备用。

2．将腌好的羊扒入煎锅煎熟，淋黑胡椒汁
与其余配料装盘即可。

口味特点

肉嫩多汁，黑椒味浓。

营养功效

有益气补虚、健力生肌、抵御风寒之功效。

黑松露香煎鱼扒

XINMENGCAN

主 料

龙利鱼200克

辅 料

黑松露碎1克，西蓝花5克，草原口蘑5克，面粉10克

调味料

A．泰国辣鸡酱，黑胡椒粉，黄油

B．葱段，姜片，料酒，鸡精，盐，胡椒粉

制作方法

1．龙利鱼改刀加入调味料B腌制15分钟待用。

2．腌制好的鱼柳控干水分，拍粉煎制两面金黄色；
口蘑改刀用调味料A黄油、黑胡椒粉煎熟备用。

3．把做好的鱼柳、口蘑、西蓝花装盘淋上加热的辣
鸡酱，撒上黑松露碎即可。

口味特点

鲜甜微辣，外焦里嫩。

营养功效

有增强免疫力、抗衰老、抗疲劳等作用。

粥水时蔬浸辽参

XINMENGCAN

主料

发好的辽参1条

辅料

菜心20克，葱段10克，姜片10克，老鸡100克，鹌鹑蛋1颗，小米粥

调味料

盐，清鸡汤

制作方法

1. 老鸡加水放入葱、姜，小火熬制成清鸡汤备用。
2. 菜心、鹌鹑蛋汆水待用。
3. 把熬好的小米粥加清鸡汤，放入辽参加盐调味，烧开后放入炖盅加入菜心、鹌鹑蛋保温即可。

口味特点

咸鲜清淡，香味突出。

营养功效

具有补中益气、健脾益肺的功效。

养生凉瓜黑牛肉

XINMENGCAN

主　料

黄牛上脑80克

辅　料

苦瓜50克，枸杞子1克，老鸡150克

调味料

盐，鸡精，酱油

制作方法

1．牛上脑、苦瓜改刀成片汆水，老鸡汆水熬制成清鸡汤备用。

2．将苦瓜垫底，把主料和剩余辅料放入盛器内加调味料调味蒸制20分钟即可。

口味特点

咸鲜清淡，味道鲜美。

营养功效

有补中益气，降脂保健的功效。

浓汤秘制养生饭

XINMENGCAN

主　料

发好的牛鞭100克

辅　料

猪脊骨50克，猪手50克，老鸡50克，猪皮50克，鸡肉20克，大米30克

调味料

蒜头，盐，味精，白糖，老抽、蚝油

制作方法

1．除蒜头外，将辅料加水熬制成浓汤，放入调味料，然后加入发好牛鞭煮制调味。

2．将蒜头放入油锅中炸制金黄色备用。

3．大米加水蒸熟备用，将炸好的蒜头放入调好的牛鞭汤锅中一起烧制入味，出锅一起装入炖盅保温即可。

口味特点

蒜香浓郁，味道醇厚。

营养功效

含有丰富胶原蛋白和微量元素，强身健体。

珍味野生白蘑盅

XINMENGCAN

主　料

发好的草原白蘑30克，白玉菇20克，蟹味菇20克，竹荪20克，木耳蘑20克

辅　料

老鸡100克

调味料

盐，味精

制作方法

1．老鸡汆水，熬制清鸡汤备用。

2．将发好的主料清洗干净备用。

3．将备好的主料放入汤盅加清鸡汤和调味料调味，上笼蒸制2小时即可。

口味特点

菌香浓郁，味道鲜美。

营养功效

调节人体机能，增强免疫力，有极高的食用和药用价值。

新
蒙
餐

番茄牛腩煮鲜鲍

XINMENGCAN

主 料

鲜鲍1只，炖熟的牛腩50克

辅 料

西红柿50克，猪脊骨50克，老鸡50克，猪手50克，猪皮50克，鸡油20克

调味料

盐，葱段，姜片，番茄酱，料酒

制作方法

1．西红柿氽水去皮切块，剩余辅料加水熬制成高汤，鲍鱼改刀加葱、姜、料酒氽水去腥味备用。

2．锅留底油加西红柿和调味料炝锅然后加二汤、牛腩、鲍鱼炖制成熟即可。

口味特点

酸甜可口，鲜香味美。

营养功效

能调经润燥，滋阴清热，提高免疫力。

滋味功夫牛尾汤

XINMENGCAN

主　料

黄牛尾150克

辅　料

山药100克，西红柿50克，油菜适量

调味料

花椒，大料，香叶，桂皮，小茴香，辣椒，白胡椒粉，葱段、姜片，酱油，番茄酱，盐，白糖，色拉油

制作方法

1．牛尾改刀氽水，油菜氽水备用，辅料改刀备用放入汤锅中。

2．锅入底油加入调味料炝锅，加牛尾一起倒入汤锅中加水煮制2小时。

3．把煮好的牛尾捞出，过滤渣质后加入山药烧制20分钟装盘即可。

口味特点

牛尾软烂，口味醇厚。

营养功效

牛尾既有牛肉补中益气之功，又有牛髓填精补髓之效。

PART 3

XINMENGCAN

蒙古黄金菜

珠苏木沁烤全牛

XINMENGCAN

简 介

珠苏木沁烤全牛是蒙古第一宴"诈马宴"中的一道至尊大餐，全牛形象栩栩如生，是蒙古族饮食文化中至高无上的荣誉，展示了豪华、尊贵、盛大的宴会规格，再现了古老饮食文化的神奇魅力。

主 料

优质草原黄牛1只（约200千克）

辅 料

芹菜2500克，胡萝卜2500克，洋葱2000克

调味料

葱段，姜片，蒜，花椒，大料，小茴香，草果，肉蔻，桂皮，香叶，丁香，辣椒，盐

制作方法

1．去皮牛洗净，调味料入锅煮制，取其水，改刀辅料备用。
2．捞出的调味料与改刀后的辅料拌匀一同放入牛肚里，调料水打入牛身各部位，腌制24小时。
3．腌制好的牛入烤箱烤至10小时即可。

口味特点

色泽金黄，外酥里嫩。

营养功效

全牛肉中含有丰富的蛋白质、脂肪、维生素、钙、磷、铁、氨基酸等，同时也是绝佳的美食佳肴。

草原风干肉

XINMENGCAN

主　料

优质黄瓜柳500克

调味料

蚝油，料酒，盐

制作方法

1．将黄瓜柳切2厘米长条加入蚝油、料酒、盐腌制4小时入味。

2．把腌制好的牛肉条挂至通风干净的地方风干。

3．将风干好的牛肉条放入烤箱，上下火调至200℃烤制30分钟即可装盘。

口味特点

肉味浓香，酥香可口。

营养功效

牛肉是养胃益气之品，也是强身健体的补品。

生烤美味羊排

XINMENGCAN

主料

羔羊排1500克

辅料

胡萝卜100克，洋葱100克，大葱10克，姜30克，蒜3克，芹菜100克

调味料

辣椒粉，孜然粉，盐

脆皮水

红醋200克，白醋200克，蜂蜜20克

制作方法

1．把辅料切块加盐，放入烤盘里加入调味料，再放入羊排，加适量水腌制羊排30分钟。

2．烤箱温度上火调至150℃，下火调至250℃，放入腌制好的羊排烤制30分钟，再反面烤制30分钟。

3．烤好的羊排正面刷上混合调制而成的脆皮水，将烤箱温度调至上下火220℃，放入烤箱烤至金黄色即可。

口味特点

外酥里嫩，风味独特。

营养功效

羊排性温，秋冬两季常吃羊肉，可以增加人体热量，还能增加消化酶，保护胃壁。

糊辣老汤小羊蹄
XINMENGCAN

主 料

锡盟小羊蹄1500克

辅 料

西蓝花适量，郫县豆瓣酱25克，泡椒20克，辣椒酱15克，牛肉酱15克，自制辣酱30克

调味料

葱姜蒜片，花椒，小茴香，香叶，辣椒节，盐、味精、白糖，料酒，色拉油，高汤

制作方法

1．羊蹄去头留尾12厘米，浸泡2小时氽水备用，西蓝花氽水备用。

2．锅内放入色拉油烧制六成热，下入羊蹄炸至表面发白，捞出待用。

3．锅放底油入葱姜蒜和剩余辅料炝锅，然后加入其余调味料炒香后放入高汤，加入炸好的羊蹄，慢火炖熟与西蓝花一起装盘即可。

口味特点

色泽红润，香辣滑口。

营养功效

羊蹄含有丰富的胶原蛋白，能延缓皮肤的衰老，强筋壮骨。

盛元红花牛头方

主　料

去骨牛头皮 800 克

辅　料

菠菜适量

调味料

葱段，姜片，蒜，豆瓣酱，泡椒，花椒，茴香，干辣椒，大料，白芷，香叶，肉蔻，白蔻，草果，桂皮，酱油，盐

制作方法

1．牛头、菠菜清洗干净汆水，牛头切块待用。

2．锅放底油加入除酱油外调味料炝锅炒香后加入酱油，加水熬开，调色调味。

3．然后放入待用的牛头小火煮制 5 小时，最后与菠菜装盘即可。

口味特点

口味浓郁，软糯可口。

营养功效

具有补脾胃、益气血、强筋骨、消水肿等功效。

干锅风味野生菌

XINMENGCAN

主　料

蟹味菇2盒，白玉菇2盒

辅　料

青蒜20克，洋葱丝100克，五花肉40克

调味料

蒜片，美人椒，剁椒，酱油

制作方法

1．蟹味菇、白玉菇过油备用，五花肉切丝备用。

2．锅放底油入五花肉、蒜片、美人椒、剁椒炝锅，然后加入蘑菇翻炒，再加入青蒜翻炒调味调色。

3．出锅时洋葱丝垫底装盘即可。

口味特点

鲜咸微辣，菌香浓郁。

营养功效

热量低，维生素含量丰富，抗氧化，具有减肥功效。

额吉羊肉酿茄盒

XINMENGCAN

主　料

鲜羊后腿肉250克

辅　料

长茄子350克，油菜300克，鸡蛋70克，淀粉20克，面粉20克

调味料

A．盐，味精，鸡精，胡椒粉，十三香

B．葱，姜，花椒，大料，酱油

制作方法

1．羊后座绞馅加调味料A拌匀；茄子改刀成夹刀片，拍少许淀粉将肉馅酿入备用。

2．将鸡蛋、适量淀粉、面粉调成糊，再将酿好肉馅的茄子挂糊炸制摆入碗内。热油加调味料B炝锅加二汤调口放入碗内，蒸10分钟。

3．油菜改刀汆水后摆入盘中垫底，将蒸好的茄子扣上，原汁勾芡浇在上面即可。

口味特点

口味咸鲜，鲜香味美。

营养功效

具有补肝明目、温补脾胃、补血温精的功效。

火山石香烤羊肉

主 料

带皮羊肉 2500 克，火山石 5 块

辅 料

土豆 1000 克，胡萝卜 1000 克，洋葱 200 克

调味料

老北京干黄酱，东古酱油，草菇老抽，花椒，香叶，辣椒段，白蔻，大料，葱段，姜片，蒜仔，盐，水

制作方法

1．将羊肉清洗干净用火烤至金黄色，从骨头接缝处将整羊解成小块，每块为 500 克左右，放入盆中备用。
2．将上等的火山石烧红与羊肉一同放入奶桶内，加入辅料和调味料进行烹制至熟装盘即可。

口味特点

色泽红亮，酱香浓郁。

营养价值

羊肉蛋白质含量较多，脂肪含量较少，可益气补虚，促进血液循环、增强御寒能力，还可增加消化酶，保护胃壁，有助于消化。

塞北粗粮小炒牛

主 料

牛柳 300 克

辅 料

燕麦仁 50 克，红腰豆 10 克，鲜豌豆 10 克，青、红菜椒适量

调味料

盐，味精，鸡精，白糖，蚝油，酱油，老抽，香油

制作方法

1．将牛柳，青、红菜椒改刀成小丁，牛柳冲水后腌制上浆，辅料汆水备用。
2．燕麦仁洗净蒸熟晾凉后炒散。
3．将主料滑油，锅留底油加入调味料炝锅爆香，再放入主料调口调色，然后加入辅料翻炒均匀淋香油出锅即可。

口味特点

口味咸鲜，营养均衡。

营养功效

具有强筋壮骨、补虚养血、化痰熄风、降低胆固醇的功效。

新蒙餐

扒板科尔沁牛肉

XINMENGCAN

主　料

牛上脑750克

辅　料

洋葱500克，黄油80克

调味料

蒜，尖椒，酱油

制作方法

1. 将牛上脑切成1厘米×6厘米的片待用。
2. 扒板抹黄油，铺垫洋葱丝加热。
3. 将待用牛肉放在扒板上煎至八成熟配以调味蘸料食用。

口味特点

肉质鲜嫩，汁多鲜美。

营养功效

有补中益气、滋养脾胃、强筋健骨、化痰息风等营养功效。

砂锅黄酒焖羊肉

XINMENGCAN

主　料

羊前腿1250克

辅　料

香菜10克，枸杞子适量

调味料

干辣椒，小茴香，香叶，花椒，黄酒，葱段、姜片

制作方法

1．羊腿切成3.5厘米方的小块汆水备用。

2．锅内加入调味料放入备好羊肉加水焖40分钟，大火收汁，装盘加辅料点缀即可。

口味特点

香味扑鼻，肉质软嫩。

营养功效

适用于身体瘦弱、畏寒人群，有舒筋活血、促进食欲等营养功效。

古法生焗牛肋骨

XINMENGCAN

主 料

科尔沁牛肋骨900克

辅 料

洋葱、芹菜、胡萝卜、西红柿各50克

调味料

葱段，姜片，花椒，大料，小茴香，草果，香叶，东古酱油，美极鲜酱油，盐，味精，胡椒粉，叉烧酱

制作方法

1．牛排浸泡去除血水，然后氽水去浮沫，除叉烧酱外放入调味料煮制八成熟捞出备用。

2．辅料垫底将备好牛排放入烤盘烤制，待出油后刷上叉烧酱，继续烤2~3分钟，至表皮红润即可改刀装盘。

口味特点

色泽红润，口感微甜。

营养功效

牛肉属于温热性质的肉食，擅长补气，是气虚之人进行食养食疗的首选肉食，也是秋冬两季最佳食品食材。

酥炸燕尾菜

XINMENGCAN

主 料

燕尾菜200克

辅 料

兑好的脆皮糊100克

调味料

椒盐少许，色拉油

制作方法

1．将雪花粉、淀粉、泡打粉、吉士粉按照1：1：1：1的比例加水调制成脆皮糊备用。

2．锅内放入色拉油加热，将主料逐一挂糊下锅炸至金黄色。

3．出锅撒上椒盐装盘即可。

口味特点

微苦酥香，油而不腻。

营养功效

含有丰富的维生素C和钙、铁等元素，味道鲜美，营养价值极高。

私房御膳红烧肉
XINMENGCAN

主　料

带皮五花肉 750 克

调味料

葱段，姜片，蒜，花椒，大料，小茴香，干辣椒，桂皮，香叶，酱油

制作方法

1. 五花肉改刀成3厘米×3厘米的块煸炒出油备用。

2. 锅放底油加入调味料炝锅，然后加水调味，加酱油调色，再加入肉块小火慢炖1.5小时即可。

口味特点

肥而不腻，软糯香甜。

营养功效

有润肠胃、生津液、补肾气、解热毒的功效。

铁板橙汁奶豆腐

XIEMENCAN

主　料

奶豆腐500克

辅　料

生粉50克，色拉油300克

调味料

橙汁，白糖，番茄沙司，盐

制作方法

1．将奶豆腐改刀成长8cm×宽6cm×厚0.6cm的长方片拍粉待用。

2．锅内加入色拉油，待油温升高后，逐片下入油锅，炸制金黄，捞出摆入铁板中。

3．起锅放少许油，加水，调味料，勾芡淋明油，浇在炸好的嫩豆腐上即可。

口味特点

奶香浓郁，酸甜适中。

营养功效

富含氨基酸及其他有益身体的微量元素，是提高人体免疫力、美容养颜的佳品。

香辣洋葱小牛肉

XINMENGCAN

主　料

牛上脑150克

辅　料

洋葱50克，小米椒3克，香菜梗2克，
红尖椒1克，孜然粉3克，辣椒粉2克

调味料

酱油，花椒油，盐、味精

制作方法

1．牛上脑切片滑油待用，辅料改刀待用。

2．锅放底油爆香辅料，入牛肉、洋葱丝翻炒，最后加入酱油、盐、味精调味。

3．出锅时淋花椒油即可。

口味特点

微辣咸香，孜然味美。

营养功效

提高机体抗病能力，是机体能量的补益佳品。

山珍猴头烧春笋

XINMENGCAN

主　料

春笋350克

辅　料

猴头菇200克，油菜心300克

调味料

盐，味精，鸡精，白糖，鸡汁，蚝油，酱油，老抽，香油，淀粉

制作方法

1．将春笋改刀成块，冲水去除苦涩味备用。

2．猴头菇改刀成块，油菜心洗净改刀备用。

3．将备好的主辅料分别氽水，锅留底油加入调味料炝锅爆香，放入主辅料加二汤，老抽调色烧制，淀粉兑水勾芡淋香油，围油菜心装盘即可。

口味特点

口味咸鲜，回甜适口。

营养功效

具有滋阴凉血、清热化痰、利尿消肿、润肠通便的功效。

盐煎美味滑子鱼

XINMENGCAN

主　料

达里湖野生滑子鱼400克

调味料

葱段，姜片，料酒，花椒，小茴香，盐

制作方法

1．将滑子鱼宰杀去内脏清洗干净备用。

2．用调味料将滑子鱼腌制20分钟入味。

3．将腌制好的滑子鱼放入煎锅中煎制两面金黄色即可。

口味特点

色泽金黄，焦香可口。

营养功效

滑子鱼含有丰富的蛋白质，对代谢性疾病和身体虚弱有较好的食疗功效。

小鸡炖蘑菇粉

XINMENGCAN

主 料

柴鸡750克，阿尔山小黄蘑200克（泡发好的）

辅 料

水晶粉条100克

调味料

盐，生抽，老抽，料酒，葱段，姜片，花椒，大料，胡椒粉

制作方法

1．将宰杀好的鸡剁块，小黄蘑清洗干净分别汆水备用。

2．锅内加水放入汆好水的鸡块，再加入调味料，调味调色炖至入味。

3．放入小黄蘑、水晶粉条一起炖至成熟装盘即可。

口味特点

咸鲜醇香，胶质丰润。

营养功效

小黄蘑具有独特的野生鲜美味道，营养丰富，属于高营养、低热量食品。

巴盟排骨烩酸菜

XINMENGCAN

主　料

酸菜500克

辅　料

猪排骨100克，五花肉50，土豆100克

调味料

A．葱段，姜片，花椒，大料，茴香，干辣椒，酱油
B．葱花，姜末，蒜蓉，花椒面，大料面，干辣椒，酱油，老抽，盐，猪油

制作方法

1．将酸菜切丝汆水备用，土豆改刀4厘米×4厘米的块，猪排改刀成3厘米长的块，五花肉切厚片待用。

2．将猪排加调味料A炖熟备用。

3．锅中加入猪油，将五花肉、排骨炒出油放入调味料B炒香，再放入酸菜、土豆和少量水，加老抽调色小火慢炖至土豆软烂即可。

口味特点

鲜香味浓，咸酸滑润。

营养功效

蕴含充分的蛋白质热量，具有提高免疫力等营养功效。

健康养生五豆煲

主　料

花生米30克，绿豆30克，玉米粒30克，红豆30克，黑豆30克

辅　料

南瓜50克，牛奶适量，淀粉适量

调味料

白糖

制作方法

1．将主料泡水蒸熟备用，南瓜蒸熟捣泥备用。

2．锅中放入牛奶和水煮开，加入南瓜泥、主料、白糖调味，淀粉兑水勾芡，装盘即可。

口味特点

奶香浓郁，香甜可口。

营养功效

有效补充人体植物蛋白、维生素E等营养。

蚂蚁煎蛋

主　料

农村鸡蛋500克，野生可食蚂蚁5克

辅　料

红椒粒、青椒粒、葱末各少许，装饰花少许

调味料

盐，色拉油

制作方法

1．锅内放入色拉油加热，将野生蚂蚁略炸至酥脆备用。

2．另取容器将鸡蛋去壳加入炸好的蚂蚁及辅料搅拌均匀。

3．锅内留底油倒入搅拌好的鸡蛋煎制成熟，至两面金黄，出锅改刀装盘，用少许蚂蚁点缀装饰即可。

口味特点

口感微酸，爽滑油嫩，鲜香四溢。

营养功效

有效补充人体植物蛋白、维生素E等营养。

蒙古锅烤羊后腿

XINMENGCAN

主　料

鲜羊后腿 1750 克

辅　料

胡萝卜 100 克，洋葱 100 克，大葱 10 克，姜 30 克，蒜 3 克，青菜 100 克，白芝麻 5 克

调味料

辣椒粉，孜然粉，盐

脆皮水

红醋 200 克，白醋 200 克，蜂蜜 20 克

制作方法

1．把除白芝麻外的辅料切块加盐，放入烤盘里，加入调味料拌匀待用。

2．放入羊腿，加适量水腌制羊腿 1 小时入味。

3．烤箱温度上火调至 150℃，下火调至 250℃，放入羊排烤制 50 分钟后，再反面烤制 50 分钟。

4．把羊腿取出，正面刷上混合调制而成的脆皮水放入烤箱烤制金黄色，取装盘出撒孜然粉、辣椒粉、白芝麻即可。

口味特点

颜色红润，酥烂醇香。

营养功效

羊肉中富含丰富的钾、磷、钠、蛋白质、维生素，具有温补脾胃的功效。

拔丝奶豆腐

XINMENGCAN

主　料

奶豆腐 300 克

辅　料

淀粉 20 克，白面 50 克，鸡蛋 150 克

调味料

白糖

制作方法

1. 将奶豆腐改刀成方块，辅料调制全蛋糊备用。
2. 奶豆腐拍粉裹全蛋糊下油锅炸制金黄。
3. 锅入底油，白糖下锅拔丝加入炸好的奶豆腐翻匀出锅即可。

口味特点

奶香浓郁，软糯香甜。

营养功效

富含氨基酸及其他有益身体的微量元素。

铁板香汁嫩豆腐

主　料

鸡蛋100克，豆浆80克

辅　料

A．虾仁15克，澳带15克，蟹黄酱10克

B．猪脊骨50克，猪手50克，猪皮50克，老鸡100克，鸡油20克

调味料

蒜末，洋葱末，葱花，鸡汁

制作方法

1．将鸡蛋、豆浆蒸制成嫩豆腐切长条过油，虾仁、澳带切丁余水备用，辅料B加水熬制成高汤待用。

2．锅入底油蒜末、洋葱末、蟹黄酱炝锅加高汤、鸡汁调味。然后放入豆腐、虾仁、澳带烧制5分钟收汁，撒葱花即可。

口味特点

蟹味浓郁，口感滑嫩。

营养功效

健脑益智，保护肝脏。

蒜香爆炒羊肚片

主　料

鲜羊肚500克

调味料

葱段，姜片，蒜片，花椒，小茴香，干辣椒，酱油，香油，香醋，胡椒粉，花椒油，料酒

制作方法

1．将羊肚洗净取部分葱、姜、花椒、小茴香加料酒煮熟，切片过油备用。

2．将剩余调味料炝锅爆香，放入备好的羊肚片煸炒，调味调色，出锅淋花椒油即可。

口味特点

蒜香浓郁，酸辣脆嫩。

营养功效

具有健脾补虚、益气养胃、固表止汗等营养功效。

新

有机茭白锅包肉

XINMENGCAN

主 料

茭白100克，猪里脊200克

辅 料

红绿尖椒丝各5克，香菜杆10克

调味料

白糖，香醋，淀粉，酱油，姜丝

制作方法

1．把主料改刀拍水粉糊炸好备用。

2．白糖、香醋、淀粉兑好锅包肉的碗汁，放入锅中爆香，加入主料，出锅撒上红绿尖椒丝、姜丝、香菜杆即可。

口味特点

口味酸甜，外脆里嫩。

营养功效

茭白中含有丰富并有解酒功效的维生素，对解酒有一定的功效。

砂锅美味焗香藕

XINMENGCAN

主 料

鲜藕600克

调味料

葱段，姜片，沙茶酱，南乳汁，老抽

制作方法

1．鲜藕去皮改刀备用。

2．锅放底油加调味料炝锅调味，倒入高压锅。

3．高压锅放入主料，调色后压制20分钟出锅收汁，装入砂锅内即可。

口味特点

口味鲜咸，口感软烂。

营养功效

具有益胃健脾、养血补血、生肌止泻等营养功效。

蒙古早茶

XINMENGCAN

主 料

锡林郭勒白油 100 克，黄油 50 克，鲜牛奶 1000 克，炒米 100 克，砖茶 100 克，盐适量

制作方法

1. 把上好的砖茶捣碎备用。
2. 将洗净的锅倒入清水，把捣碎的砖茶放入水中熬制。
3. 待茶色熬至枣红色后滤出茶叶，加入盐，鲜牛奶，白油搅汤烧开，再放少许黄油、炒米增加奶茶的奶香味。
4. 可根据自己的口味及生活需求在茶中加之干肉、炒米、各种奶制品，制成锅茶。也可配以煮好的手把肉，手扒牛排，风干牛肉，血肠，肉肠，羊肚，羊肝，民族氛围浓郁。

口味特点

口感香滑，奶香浓郁，绵长止渴。

营养功效

牛奶中加入砖茶后，二者特有的香味融为一体，营养成分相互补充，饮用起来味道更加浓郁绵长。奶茶可以去除油腻，助消化，益思提神，利尿解毒，缓解疲劳。

草原红焖黄牛蹄

XINMENGCAN

主　料

黄牛蹄1000克

辅　料

白萝卜150克，洋葱100克，老鸡半只

调味料

葱段，姜片，花椒，大料，小茴香，草果，肉蔻，桂皮，香叶，丁香，生抽，红曲米，盐，味精，清鸡汤

制作方法

1. 牛蹄洗净改刀，用白萝卜、洋葱加水反复煮三遍备用。
2. 老鸡加水熬制成清鸡汤待用。
3. 锅留底油放入调味料炝锅爆香加入清鸡汤调口调色，然后将牛蹄放入锅中焖煮至熟即可。

口味特点

质地软烂，酱香浓郁。

营养功效

牛蹄中含在丰富的胶原蛋白质，有强筋壮骨之功效，对腰膝酸软、身体瘦弱者有很好的食疗作用。

炸秀丽白虾

XINMENGCAN

主　料

达赉湖白虾300克

辅　料

色拉油适量

调味料

味椒盐

制作方法

1．将虾清洗干净待用。

2．锅内放入适量色拉油加热，待油温升高后，把白虾放在漏勺中一起入油锅炸制成熟，捞出倒入盛器中，撒上味椒盐即可。

口味特点

味道鲜美，口感酥脆。

营养功效

高钙，高蛋白，营养价值丰富。

双味奶酪

XINMENGCAN

主　料

奶豆腐，奶皮

辅　料

竹炭花生，全蛋糊

调味料

橙汁，白糖，白醋

制作方法

1．奶豆腐、竹炭花生用机器打碎，加入少量白糖，用模具扣出形状装盘待用。

2．奶皮挂全蛋糊，下入七成油锅炸至起泡捞出备用。

3．将调味料下入锅中，加热炒至粘稠，再放入备用的奶皮翻炒出锅，装盘即可。

口味特点

奶香浓郁，酸甜适口。

营养功效

营养成分齐全，组成比例适宜，容易被人体消化吸收的理想天然食物。

番茄春笋黄骨鱼

XINMENGCAN

主　料

黄骨鱼4条，春笋150克

辅　料

猪脊骨50克，猪手50克，猪皮50克，老鸡100克，鸡油20克

调味料

番茄，生抽，白醋，盐，味精，鸡精，白糖，葱段，姜片，老抽，香菜

制作方法

1．黄骨鱼杀好改刀洗净备用，辅料加水熬制成高汤备用。

2．春笋去皮切片备用。

3．锅入底油，番茄炝锅加剩余调味料爆香，然后放入高汤，调口调色后再放入鱼、春笋炖15分钟出锅，放入香菜装饰即可。

口味特点

酸甜适口，汤汁鲜美。

营养功效

有健脾益胃、利尿消肿的功效。

蒸蒸日上粉蒸肉

XINMENGCAN

主　料

牛柳 750 克

辅　料

金瓜 1000 克，大米 100 克

调味料

盐，味精，白糖，鸡精，胡椒粉，辣椒，花椒

制作方法

1．将牛柳改刀成大片，冲水去除异味，加盐、味精、鸡精、胡椒粉腌制。

2．大米加辣椒、花椒炒熟制成米粉，牛柳片逐片粘满米粉。

3．再将金瓜改刀成三角块同牛柳片装入小笼蒸熟即成。

口味特点

口感软糯，咸鲜麻辣。

营养功效

具有强筋壮骨、补虚养血、化痰熄风的功效。

养生果干炒带鱼
XINMENGCAN

主　料

鲜带鱼 1000 克

辅　料

养生果干 70 克，彩椒 50 克，淀粉适量

调味料

葱段，姜片，盐，味精，鸡精，胡椒粉，白糖，料酒，陈醋

制作方法

1．带鱼处理干净后改刀成宽条用少许葱、姜、料酒腌渍，果干清洗泡水备用，彩椒切块备用。

2．带鱼条用淀粉拍粉油炸，养生果干汆水。

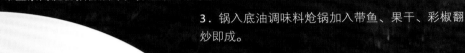

3．锅入底油调味料炝锅加入带鱼、果干、彩椒翻炒即成。

口味特点

小荔枝口。

营养功效

有补脾益气、润肤养发之功效。

嘎查酥皮烤羊腿
XINMENGCAN

主　料

鲜羊腿 1500 克

辅　料

制好的酥皮 1000 克

调味料

盐，花椒，葱段，姜片，蒜片，生抽，小茴香

制作方法

1．羊腿洗净汆水去浮沫，然后放入调味料加水煮制 6 成熟备用。

2．取出晾凉，用酥皮将羊腿包裹，然后入烤箱烤至成熟即可。

3．酥皮的制作：黄油待用，将其余辅料用水和好，然后擀开面团刷黄油反复擀压折叠成形，入冷藏 4 小时即可使用。

口味特点

外酥里嫩，香气扑鼻。

营养功效

羊腿的肉质细嫩，高蛋白、低脂肪，是冬季防寒温补的美味之一。

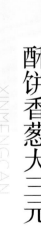

酥饼香葱大三元

XINMENGCAN

主 料

雪花粉 500 克，鸡蛋 300 克，土豆 300 克，丁香鱼 30 克，香辣菜 30 克

辅 料

小葱 300 克，韭菜 200 克，芥菜 150 克，彩椒 50 克，大蒜 10 克，花生 10 克

调味料

盐，味精，鸡精，蚝油，酱油，老抽，香油，辣妹子

制作方法

1．雪花粉和成面团，包酥后烙成酥饼备用，花生捣碎备用，土豆、芥菜、彩椒切丝备用。

2．丁香鱼、香辣菜剁碎加蒜蓉、花生碎、香其酱、调味料炒成大三元酱备用。

3．将土豆丝、芥菜丝、彩椒丝炝炒成菜备用，鸡蛋加韭菜调口炒制成菜备用。

4．将大三元酱、炝炒土豆丝、韭菜炒鸡蛋分别装入小缸中，再将小葱切段装盘，酥饼摆上即成。

口味特点

口味丰富，层次明显。

营养功效

食材丰富，搭配合理，补充人体营养正常需求。

鲜虾虫草浸茭白

XINMENGCAN

主　料

鲜虾仁100克，茭白500克

辅　料

A．虫草花15克，油菜100克

B．猪脊骨50克，猪手50克，猪皮50克，老鸡100克，鸡油20克

调味料

味精，白糖，鸡精，胡椒粉，鸡汁，葱段，姜片

制作方法

1．将茭白切成丝，虫草花泡软，虾仁改刀成虾球，去虾线后汆水备用，辅料B加水熬制成高汤待用。

2．锅放底油加调味料爆香，加高汤调口调色放入主辅料煮熟装盘即可。

口味特点

口味咸鲜，营养丰富。

营养功效

具有清解热毒、利湿退黄、补虚健体、增强免疫力的功效。

青蒜爆炒羔羊肉

XINMENGCAN

主　料

羔羊后座500克

辅　料

青蒜100克，红绿杭椒30克，淀粉适量

调味料

盐，鸡精，胡椒粉，蚝油，酱油，老抽，香油

制作方法

1．将羊肉改刀成片，冲水去异味加少许盐、鸡
精、酱油、淀粉腌制上浆，青蒜、杭椒洗净后
斜刀切段。

2．上浆的羊肉片滑油取出，热油炝锅下入辅料
煸炒，然后下入羊肉片及调味料调口，老抽调
色，淋香油出锅即可。

口味特点

口味咸鲜。

营养功效

具有补肝明目、温补脾胃、补血益精的功效。

葱烧木耳蘑

XINMENGCAN

主　料

阿尔山木耳蘑350克（泡发好的）

辅　料

葱段100克，油菜100克，红彩椒、生粉各少许

调味料

盐，鸡粉，白糖，蚝油，老抽，葱油

制作方法

1．泡发好的木耳蘑清洗干净，红彩椒切条，油菜
改刀分别汆水备用。

2．锅内留少许底油，放入葱段煸炒至金黄
色，留少许葱油备用。

3．然后加入主料及调味料翻炒调口调色，
勾芡淋葱油，出锅点缀装盘即可。

口味特点

葱香四溢，菌香独特。

营养功效

木耳蘑具有益气、润肺、补脑、凉血、止血、
养颜等功效。

猪黑肉韭香素糕

XINMENGCAN

主　料

农家猪通脊肉200克，黄米粘糕100克

辅　料

韭菜10克，杭椒10克，洋葱适量

调味料

酱油，香油，盐，味精，葱段，姜片，蒜片，香油

制作方法

1. 猪肉改刀成片，洋葱、黄米粘糕改刀成片备用。
2. 锅入底油加调味料煸炒，然后放入主辅料调味调色，翻炒淋香油出锅即可。

口味特点

韭香浓郁，口味咸鲜。

营养功效

有润肠胃、生津液、补肾气、解热毒的功效。

野菜猪肉丸

主　料

散养猪前肩肉300克，野苦菜100克

辅　料

鸡蛋1颗，淀粉少许，椒盐10克

调味料

A．盐，花椒粉，干姜粉

B．葱段，姜片，蒜片，色拉油

制作方法

1．除色拉油外，将调味料B加水浸泡制成调味水备用；猪前肩肉剁馅，苦菜切碎备用。

2．将肉馅加入调味水、调味料A、鸡蛋、淀粉搅拌均匀，然后加入苦菜拌匀。

3．另取锅放入色拉油加热，将拌好的肉馅用手挤出3厘米直径的小丸子下锅炸制。

4．待丸子炸熟呈金黄色时捞出撒椒盐，装入器皿上桌即可。

口味特点

微苦鲜咸，外酥里嫩。

营养功效

含有丰富的蛋白质、脂肪、维生素A等，菜肉比7：3是营养与口感的最佳搭配。

碧绿鸽蛋狮子头

主　料

猪肉馅1250克

辅　料

芋头30克，红薯30克，鸽蛋80克，鸡蛋100克，淀粉80克，菜心适量

调味料

A．葱姜蒜末，花椒粉，大料粉，料酒，盐，胡椒粉，鸡精

B．葱段，姜片，蒜，花椒，大料，茴香，辣椒节，盐，酱油，老抽

制作方法

1．将肉馅加入调味料A拌匀，然后加鸡蛋、淀粉充分搅拌成糊状待用，菜心改刀，鸽蛋煮熟备用。

2．将红薯、芋头切成1.5厘米见方小块包入肉馅中团成16厘米大小的圆团，入油锅中炸制到金黄。

3．锅留底油加入调味料B炝锅加水，然后调味调色，放入炸好的肉团小火炖4小时，将菜心、鸽蛋余水装盘放入肉团浇原汁即可。

口味特点

咸鲜适口，肉质鲜嫩。

营养功效

猪肉性平味甘，有润肠胃、生津液、补肾气、解热毒的功效。

酱焖老头鱼

XINMENGCAN

主 料

野生老头鱼500克

辅 料

猪大油50克

调味料

盐，味精 ，老抽 ，黄豆酱，甜面酱，
葱末，姜末，蒜末，料酒，辣椒油

制作方法

1. 将鱼去内脏，清洗干净备用。
2. 锅中加入猪大油，然后放入黄豆
酱、甜面酱、葱末、姜末、蒜末煸炒
出香味，烹入料酒，加水少许。
3. 然后放入清洗好的老头鱼，慢火炖
至10分钟，收汁淋辣椒油装盘即可。

口味特点

酱香浓郁，味道咸香，松软细腻。

营养功效

含有人体所需的多种维生素、蛋白质、
微量元素及矿物质等，特别适合老人妇
女儿童食用。

天池鲫鱼炖豆腐

XINMENGCAN

主 料

天池野生鲫鱼500克

辅 料

豆腐300克，小葱段、枸杞各少许

调味料

盐，葱段，姜片，胡椒粉，色拉油

制作方法

1．将鲫鱼刮鳞去内脏清洗干净，改刀备用，豆腐切成长方形片备用。

2．锅内放入色拉油，将鲫鱼煎至两面金黄，然后放入矿泉水烧开，再加入葱段、姜片、盐、胡椒粉调味煮制汤奶白。

3．加入豆腐，小火炖熟，装盘撒少许枸杞，小葱段即可。

口味特点

鲜香味醇，细嫩甜美。

营养功效

野生鲫鱼肉质细嫩，营养价值很高，并含有大量的钙、磷、铁等矿物质。

排骨柳蒿芽

XINMENGCAN

主　料

野猪肋排500克，柳蒿芽300克

辅　料

A．红腰豆少许

B．猪脊骨50克，老鸡50克，猪手50克，猪皮50克，鸡油20克

调味料

盐，鸡粉，大料，花椒，小茴香，葱段，姜片，色拉油

制作方法

1．将猪排改刀成寸段氽水去浮沫，柳蒿芽洗净切段氽水备用。

2．将辅料B加水熬制成高汤备用。

3．锅内放入色拉油加热将猪排炸至金黄色捞出备用。

4．锅内留少许底油，放入猪排加入葱段、姜片、大料、花椒、小茴香煸炒出香味，然后加入高汤、盐调味，煮至熟烂。

5．最后加入柳蒿芽慢火炖至颜色发黄，出锅装盘撒上红腰豆即可。

口味特点

鲜香微涩，肉香纯正。

营养功效

柳蒿有破血行淤，下气通络之疗效。

肉酱黄米牛胸肉

XINMENGCAN

主　料

牛胸肉300克

辅　料

黄米200克，红尖椒30克，绿尖椒30克

调味料

A．葱段，姜片，大料，花椒，茴香，料酒，酱油，料酒，盐
B．酱大师肉酱

制作方法

1．将主料浸泡去血水，放入汤桶中烧开去浮沫，加入调味料A煮制成熟，出锅晾凉切片备用。

2．红尖椒、绿尖椒切粒备用，黄米加水蒸制30分钟至软糯成熟备用。

3．将蒸好的黄米加入调味料B，红、绿尖椒粒搅拌均匀备用。

4．取容器将备好的牛胸肉片逐一摆放盘底，放入搅拌好的黄米，然后再放一层牛胸肉片盖面，上笼蒸制30分钟，装盘即可。

口味特点

酱香浓郁，口味独特。

营养功效

有补中益气、滋养脾胃、强健筋骨、化痰息风、止渴止涎的功能。

酥皮草原烤羊肝

XINMENGCAN

主 料

鲜羊肝500克

辅 料

A. 鸡蛋100克

B. 雪花粉200克，美玫粉200克，新西兰黄油100克，白糖15克，盐适量

调味料

盐，花椒粉，干姜粉，淀粉

制作方法

1. 鲜羊肝清水处理干净，去筋膜，用绞肉机绞碎。

2. 绞好的羊肝加入调味料搅拌均匀，放入容器上笼蒸熟备用。

3. 将蒸好的羊肝切成四方长条，用酥皮包裹，放入烤盘刷鸡蛋液，入烤箱烤制色泽金黄，改刀装盘即可。

4. 酥皮的制作：黄油待用，将辅料B用水和好，然后擀开面团刷黄油反复擀压折叠成型，入冷藏4小时即可使用。

口味特点

外皮酥香，制法独特。

营养功效

羊肝中富含铁、维生素A和维生素B_2，可防止夜盲症和视力减退以及促进身体的代谢。

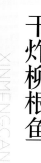

干炸柳根鱼

XINMENGCAN

主　料

野生柳根鱼300克

辅　料

香菜段30克，辣椒节15克，葱丝30克，白芝麻5克

调味料

盐，胡椒粉 料酒，葱段，姜片，花椒，香油，椒盐，色拉油

制作方法

1．柳根鱼去内脏用清水处理干净控干水分，然后加入除香油、椒盐外剩余调味料腌制1小时备用。

2．锅内放入色拉油将腌制好的柳根鱼炸至外酥里嫩，捞出待用。

3．锅内留少许底油放入辅料炝锅，加入炸好的柳根鱼快速翻炒，撒入白芝麻和椒盐，淋少许香油出锅装盘即可。

口味特点

口味鲜咸，肉质鲜嫩。

营养功效

柳根鱼的主要营养成分为蛋白质和脂肪，非常适合老年人和小孩食用。

PART 4

XINMENGCAN

吉祥八宝

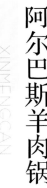

阿尔巴斯羊肉锅

XINMENGCAN

主　料

羊前腿1000克

辅　料

土豆300克

调味料

葱段，姜片，花椒，小茴香，干辣椒，盐、香菜

制作方法

1．将羊前腿、土豆切块备用。

2．锅放底油加调味料除香菜外炒香，放入肉块加水调味，小火炖30分钟后，再放入土豆小火炖熟，香菜点缀即可。

口味特点

肉质鲜美，原汁原味。

营养功效

补益脾胃，补肾养血，温经通络。

金鼎红汤羊杂锅

主 料

羊杂750克（羊肚300克，羊心100克，羊肺200克，羊肠150克）

辅 料

土豆200克，香菜10克

调味料

A．葱段，姜片，料酒
B．葱姜蒜末，料酒，自制辣椒酱，郫县豆瓣酱，羊油，辣椒面，鸡精，味精，盐

制作方法

1．羊杂加调味料A加水煮熟切丝，土豆切条备用。
2．锅入羊油放入调味料B炒香，加水调味熬制开锅。
3．然后放入土豆条、羊杂一起熬制至熟，出锅撒香菜装盘即可。

口味特点

色泽红润，味道深厚。

营养功效

杂碎酥烂绵软，醇美味存于汤，适用于冬季养生调理。

可汗石头焖羊排

主 料

鲜羊排1000克

辅 料

洋葱丝500克，香芹50克

调味料

葱段，姜片，花椒，小茴香，干辣椒，白芷，白蔻，香叶，酱油，盐

制作方法

1．鲜羊排切块汆水，炸制备用。
2．鹅卵石烧热放入锅中，加入洋葱丝，香芹垫底，再放入焖好的羊排装入锅中即可。
3．出锅时，洋葱丝、香芹段垫底放上炖好的羊排即可。

口味特点

口味微辣，口感软嫩。

营养功效

有温经养血、和胃润肠、益气补身的功效。

金鼎功夫什锦锅

主　料

制好的烧肉100克，肉丸100克，鸡块100克

辅　料

白菜1500克，土豆150克，豆腐100克，粉条30克，香菇20克，木耳20克，豆角80克，西红柿20克

调味料

葱段，姜片，花椒，大料，生抽，盐，味精，鸡汁，老抽，高汤

制作方法

1．辅料改刀，除西红柿外汆水备用，调味料加高汤熬制备用。

2．白菜垫底，将制好的烧肉、丸子、鸡块与备好的辅料一同放入金鼎锅中。

3．锅中加入熬好的老汤和炖肉的原汤小火炖制30分钟即可。

口味特点

味道咸香，营养丰富。

营养功效

含有较多的蛋白质、脂肪和碳水化合物，营养丰富，有益精补血的营养功效。

金鼎番茄炖牛腩

主　料

牛腩800克

辅　料

西红柿400克

调味料

A．葱段，姜片，花椒，大料，香叶，桂皮，白蔻，草果，酱油，盐
B．蒜，番茄酱

制作方法

1．牛腩切块加调味料A炖熟备用。

2．锅入底油放入调味料B炒香，然后加入西红柿块、制好的牛腩翻炒，加水调味炖10分钟即可。

口味特点

鲜香浓厚，美味可口。

营养功效

番茄含有丰富的胡萝卜素、维生素C和B族维生素，与牛肉搭配更利于人体各种营养成分的吸收。

高原五谷

炒酸粥

XINMENGCAN

主　料

江米 250 克，黄米 250 克

辅　料

红腌菜 50 克，炸辣椒片 30 克

调味料

胡麻盐，葱花油

制作方法

1. 江米、黄米温水泡开，放入酸浆中（酸粥专用浆水），发酵 3 天，有酸味即可（夏天 1 天即可）。
2. 将江米、黄米从酸浆中沥出备用，酸浆留用。
3. 将适量水放入锅中烧开，倒入江米、黄米，煮至粥软熟，放入盛器中。
4. 锅内倒入葱花油，放入辣椒片炒至油变红，再放入红腌菜和熬好的酸粥，撒上胡麻盐炒均匀即可。

口味特点

微酸微辣，别具风味。

营养功效

具有开胃和预防"三高"的功效。

肉焙子

XINMENGCAN

主　料

猪后腿肉 1000 克

辅　料

发酵面 500 克，面粉 100 克，碱面 5 克，柏木碎 8 克

调味料

葱段，姜片，蒜仔，花椒粒，大料，小茴香，桂皮，香叶，生抽，盐，白糖

制作方法

1. 将猪后腿肉切块放入清水中，开锅后撇去浮沫，放入调味料，卤煮至肉熟烂为止。

2. 锅底放入柏木碎、白糖，将卤好的猪肉放入锅中，中火熏焖 5 分钟。

3. 取 100 克面粉，放入凉水和成面团，加入发酵面、碱面揉和在一起。

4. 面剂揉圆备用，再取 1 小块面沾油包入面剂中擀开，放入锅中烙成面饼至熟。

5. 将面饼中间片开，夹入熏酱好的肉摆盘即可。

口味特点

面饼酥脆，肉质软烂，熏香味浓。

营养功效

具有补充人体机能，改善贫血，健脾厚肠等功效。

糖麻叶

XINMENGCAN

主　料

河套高筋粉1000克

辅　料

红糖20克，糖稀50克，小苏打8克，碱面3克，芝麻、胡麻油适量

制作方法

1．取面粉150克发酵成酵母种，红糖加水熬成红糖浆备用。

2．取750克面粉加酵母种和适量红糖浆、胡麻油、小苏打、碱面和成面团待用。

3．将剩余面粉加适量胡麻油、红糖浆和成糖酥待用。

4．将和好的面团切成两块，中间夹糖酥，擀开切成长方形，从中间划开翻转成形，然后放入160℃的油锅，炸至两面棕红至熟，捞出控油，放入糖稀中灌糖，捞出撒芝麻即可。

口味特点

色泽红亮，甜香适口。

营养功效

养胃、改善贫血，增强免疫力。

塞北莜面

XINMENGCAN

主　料

武川莜面粉500克，羊肉200克

辅　料

茄子150克，土豆150克，黄瓜100克，香菜100克，蒜片50克，辣椒50克

调味料

胡油，大葱末，鲜姜末，胡椒粉，酱油，盐

制作方法

1．莜面粉加开水和制成窝窝、鱼鱼、条条、墩墩，上笼蒸4~11分钟。

2．羊肉切丁加调味料蒸40分钟，然后辅料改刀，佐食莜面。

口味特点

口感劲道，风味独特。

营养功效

适宜三高人群和动脉硬化者食用。

搁锅木耳面

XINMENGCAN

主料

木耳面100克

辅料

五花肉5克，土豆10克，豆腐10克，香菇5克，菠菜5克，西红柿5克

调味料

盐，鸡精，鸡汁，酱油，葱花

制作方法

1．木耳面冷水和面，擀至切成面条。

2．五花肉切细条，土豆、豆腐、香菇、西红柿改刀成块，留底油葱花煸炒炝锅，加改刀好的土豆、豆腐、香菇、西红柿、菠菜，然后加水和剩余调味料调口调色煮制土豆软烂，再下入木耳面条煮熟即可。

口味特点

口味鲜咸，风味独特。

营养功效

有活血补气、软化血管的功效。

茴香有机面煎饼

XINMENGCAN

主料

雪花粉400克

辅料

茴香200克，泡打粉3克，鸡蛋3颗

调味料

盐

制作方法

1．茴香切碎，放入面粉中加水和调味料和面。

2．饧发20分钟后，擀成饼装入电饼铛烙制至熟即可。

口味特点

茴香味浓，风味独特。

营养功效

具有健脾理气的功效。

有机苋面素馅饼

XINMENGCAN

主　料

苋面粉300克

辅　料

菜心1250克

调味料

十三香，鸡汁，鸡精，花椒油，料油，盐

制作方法

1．苋面粉加水和面，菜心切碎氽水冲凉
待用。

2．将菜心加调味料拌制。

3．苋面面皮包上制好的菜心馅擀开进行
烙制。

口味特点

外皮酥脆，馅心清香。

营养功效

富含膳食纤维，常食可以减肥轻身，促进
排毒。

香薰肉酥皮对夹
XINMENGCAN

主　料

猪前肩肉250克

辅　料

小米面粉300克，猪肉50克，雪花粉100克，香柏木屑5克，小米30克，红糖20克，色拉油适量

调味料

花椒，大料，肉蔻，小茴香，草果，白芷

制作方法

1. 雪花粉加水和面做面皮，小米面粉加色拉油和成油酥。
2. 面皮包油酥烙成厚圆饼。
3. 猪前肩肉加入调味料卤好，用果木碎、小米、红糖熏制。
4. 将熏好的猪前肩肉切片夹入饼中即可。

口味特点

口感酥脆，肉香味浓。

营养功效

易被人体消化吸收，提供人体所需的蛋白质和钙。

怪味芝麻烧饼

XINMENGCAN

主　料

雪花粉500克

辅　料

鸡蛋清5个，白芝麻50克，麻酱500克，酵母、吉士粉少许

调味料

花椒粉，孜然粉，茴香粉，十三香，白糖，盐，五香粉，香油

制作方法

1. 雪花粉加酵母、吉士粉少许和水和面饧发。
2. 将麻酱加入调味料配制好酱料拌匀备用。
3. 将和好的面擀开抹上酱料卷起下挤，抹蛋清，粘上白芝麻进行烙制至熟即可。

口味特点

口感酥脆，风味独特。

营养功效

高钙高铁，是中老年人一种理想的保健食品。

原味飘香酸奶饼

XINMENGCAN

主　料

雪花粉 500克

辅　料

小苏打适量，牛奶50克，奶油400克，酸奶250克，绵白糖70克，酵母适量

制作方法

1.面粉、牛奶、奶油、酸奶、白糖混合加适量酵母发酵。

2.发好的面加适量小苏打和制、饧发，下成每个约130克的剂子擀好。

3.电饼铛温度调到150℃，双面烙制10分钟，转入上火220℃，下火130℃的烤箱中烤熟即可。

口味特点

奶香浓郁，软糯香甜。

营养功效

易被人体消化吸收，提供人体所需的蛋白质和钙。

羔羊肉蒙古馅饼

XINMENGCAN

主 料

羊肉400克，雪花粉450克

辅 料

大葱100克

调味料

盐，花椒粉，鲜姜，香油，料油，老抽，鸡精

制作方法

1．雪花粉加水和面制皮，羊肉、大葱、鲜姜切粒待用。

2．羊肉用大葱和调味料拌制成馅，然后用面皮包制馅饼擀平进行烙制。

口味特点

色泽金黄，馅料鲜香。

营养功效

羊肉性温味甘，既可食补，又可食疗。

奶皇包

XINMENGCAN

主 料

美枚粉500克

辅 料

A．黄油30克，白糖20克，酵母5克，面包改良剂8克，鸡蛋75克

B．糖750克，鹰粟粉150克，吉士粉50克，澄面20克，奶粉10克，黄油350克，鸡蛋900克

制作方法

1．将辅料A和入美枚粉中制成软面团。

2．辅料B搅拌均匀过密漏后蒸30分钟，加入黄油制馅料。

3．饧好的面团下剂后包入馅料，饧发15分钟左右，取出刷蛋黄液置烤箱中烤制成金黄色即可。

口味特点

奶香浓郁，口味香甜。

营养功效

易被人体消化吸收，提供人体所需的蛋白质和钙。

岭南香米菜包饭

XINMENGCAN

主　料

岭南香大米100克，小米100克

辅　料

小白菜叶6张，鸡蛋4个，小米面20克，农家面粉150克，香菜末少许，香菜梗适量

调味料

香其酱，葱末，色拉油

制作方法

1．将主料加水蒸熟分别备用。

2．锅中放入底油取2个鸡蛋炒熟切碎，然后加香其酱、葱花、香菜末炒成鸡蛋酱，与蒸好主料搅拌调口备用。

3．将面粉、小米面、剩余鸡蛋搅拌成面糊，用不粘锅摊成鸡蛋饼备用。

4．分别用鸡蛋饼、小白菜叶把调好口的主料包裹好，用香菜梗系住装盘即可。

口味特点

微微酱香，米味香甜。

营养功效

大米具有很高营养功效，是补充营养素的基础食物。

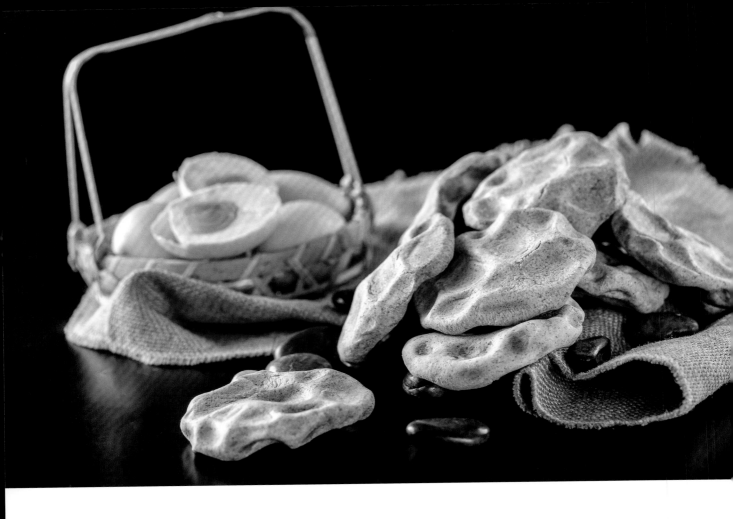

木耳面石子馍

XINMENGCAN

主　料

木耳面 250 克，美玫粉 250 克

辅　料

泡打粉 5 克，酵母粉 5 克，改良剂 3 克，白糖 3 克

制作方法

1．木耳面、美玫粉与辅料混合加水和面，饧发，下剂擀制待用。

2．将面胚放在雨花石中间入烤箱 300 度烤制 8 分钟即可。

口味特点

酥脆可口，风味独特。

营养功效

原生态做法最大限度保留了原料本身的营养成分。

野菜粗粮饼

XINMENGCAI

主　料

雪花粉100克，玉米面100克，婆婆丁200克

辅　料

菠菜150克，鸡蛋1个

调味料

盐，十三香

制作方法

1．将婆婆丁清洗干净切末，菠菜切碎榨汁分别备用。

2．把婆婆丁末、玉米面、鸡蛋、菠菜汁加盐、十三香搅成面糊备用。

3．将电饼铛调至180℃，把调好的面糊分成等份，倒入电饼铛煎熟装入器皿即可。

口味特点

咸鲜焦香，微苦回甜。

营养功效

野菜婆婆丁（学名蒲公英），性味甘、苦、寒，清热解毒可用于热毒症，尤善清肝热。

库伦酸菜荞面条

XINMENGCAN

主　料

库伦荞面粉100克

辅　料

猪前肩肉25克，酸菜碎25克

调味料

花椒，大料，鸡精，生抽，盐

制作方法

1. 荞面粉加冷水和盐和面，切条，然后煮熟。
2. 锅入底油将猪肉和调味料煸炒出香味，加水和酸菜煮烂，浇到煮好的荞面条上即可。

口味特点

鲜香可口，酸咸清香。

营养功效

具有一定的降低血脂和胆固醇的作用。

吉祥哈达饼

XINMENGCAN

主　料

雪花粉400克

辅　料

青红丝200克，猪油50克，香油10克

调味料

白糖

制作方法

1．雪花粉用猪油和面备用。

2．青红丝切碎加白糖拌匀制成馅料。

3．和好的面下剂子，包入馅料擀成圆形，入电饼铛烙制至熟即可。

口味特点

色泽乳白，香甜可口。

营养功效

增进食欲，提供能量。

酸奶果子

XINMENGCAN

主　料

雪花粉500克

辅　料

酸奶300克，黄油50克，色拉油适量

调味料

白糖，酵母

制作方法

1. 雪花粉加酸奶、黄油、白糖、酵母和面。
2. 下剂子饧发30分，色拉油炸制金黄即可。

口味特点

色泽金黄，酥松香甜。

营养功效

易被人体消化吸收，提供人体所需蛋白质和钙。

漫水桥油旋

XINMENGCAN

主　料

雪花粉500克

调味料

盐，胡麻油

制作方法

1. 雪花粉加盐、水和面备用，取少量面粉加色拉油制成油酥备用。

2. 面团搓成条，下成每个约25克的剂子，加油酥搓成橄榄形，饧发卷成螺旋状。

3. 电饼铛淋色拉油煎成金黄色即可。

口味特点

色泽金黄，口感酥脆。

营养功效

富含蛋白质、碳水化合物、维生素和钙、铁、磷、钾、镁等矿物质。

黄油卷子

XINMENGCAN

主　料

农家面400克，雪花粉100克

辅　料

锡盟黄油150克，凉水约300克

调　料

羊肉汤，嚼口汤

制作方法

1．将主料混合，用凉水将面团和好。

2．擀开刷黄油，撒少许干面，折3折擀薄，每层厚度约1毫米左右，蒸熟再切成8毫米宽的条，抖开即可。

小贴士

羊肉汤的制作方法

1．取鲜羊后座200克，鲜姜10克，大葱80克，盐10克，花椒粉3克，料油5克。

2．将羊肉切成1cm见方的小丁，加花椒面蒸40分钟。

3．加鲜姜、大葱切碎，再加200克开水煮1分钟左右，加入盐、料油即可。

嚼口汤的制作方法

1．取干羊肉100克，凉水500克，奶豆腐80克，自制酸奶80克，白油8克，黄油5克，大葱80克切碎，盐10克，料油5克。

2．将干羊肉加凉水蒸40分钟，然后把剩余材料依次加入蒸好的汤中，调匀即可。

口味特点

经典食品，风味独特。

营养功效

黄油卷子的吃法多样，搭配羊肉蒸汤或夏季配以嚼口汤，风味独特，补充人体营养需求。

黄金玉米饼

XINMENGCAN

主 料

雪花粉500克，小米面250克，玉米面150克

辅 料

A．老面100克，鸡蛋2颗，白糖100克，牛奶100克，水约500克
B．酵母5克，泡打粉5克，碱面3克

制作方法

1．将主料加泡打粉混合备用。
2．将辅料（A）混合均匀、加入酵母化开、再加入碱面混合均匀备用。
3．将混合好的面糊常温发酵30分钟左右，（上下火190~200℃）饼铛煎至双面金黄即可。

口味特点

外脆内嫩，香醇有嚼劲。

营养功效

含有人体所需的多种营养素。

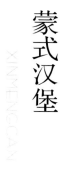

蒙式汉堡

XINMENGGAN

主　料

原味厚奶皮100克，软包10个

辅　料

金象面粉500克

调味料

白糖，盐，酵母，黄油，鸡蛋，改良剂

制作方法

1. 面粉加调味料和冷水和面饧发，然后下剂成形二次饧发，放置烤箱烧烤约7分钟成熟，取出软包。

2. 将原味厚奶皮改刀成与软包大小一致的块。

3. 将厚奶皮酿入法包中即可。

口味特点

奶香浓郁，软糯香甜。

营养功效

奶食品系列中的佳品，营养价值颇高。

珍味野菌龙眼包

主　料

杏鲍菇100克，香菇100，茶树菇100克，雪花粉300克

辅　料

猪肉馅50克

调味料

十三香，料油，生抽，鸡汁，葱，盐，鸡精，泡打粉，酵母

制作方法

1．雪花粉加泡打粉、酵母和水和面饧发制成面团。

2．将其余主料切成小丁，与肉馅一起加入剩余调味料拌匀备用。

3．面团擀成面皮包好馅蒸制8分钟即可。

口味特点

菌香浓郁，咸香可口。

营养功效

含有丰富的蛋白质、碳水化合物、维生素等，还含有微量元素和矿物质，多吃可增强人体免疫力。

金宫黄油酥

主　料

美玫粉500克

辅　料

黄油100克，鸡蛋150克

调味料

泡打粉，吉士粉，臭粉，白糖

制作方法

1．面粉加水和面，再加入辅料和调味料拌好备用。

2．将面团下剂，擀圆撒芝麻入烤箱烤制金黄色至熟即可。

口味特点

色泽金黄，口感酥脆。

营养功效

易被人体消化吸收，提供人体所需的能量。